高等农林院校普通高等教育林学类专业系列教材

资源昆虫学实验与实习实训指导

和秋菊 易传辉 主编

中国林业出版社

内容简介

本教材针对《资源昆虫学》实验与实习实训,共编写了上下两篇内容。上篇为实验部分,共10个实验,其中常见资源昆虫识别实验1个,按用途分类资源昆虫实验9个;下篇为实习实训,共6个实习实训,主要为食用、药用、饲用和观赏昆虫,其中食用昆虫实习实训2个,药用昆虫实习实训1个,饲用昆虫实习实训1个,观赏昆虫实习实训2个,本部分主要为作者近年来的研究成果和目前应用的热点种类。

图书在版编目(CIP)数据

资源昆虫学实验与实习实训指导/和秋菊,易传辉主编.—北京:中国林业出版社,2021.1
高等农林院校普通高等教育林学类专业系列教材
ISBN 978-7-5219-1063-6

Ⅰ.①资… Ⅱ.①和… ②易… Ⅲ.①经济昆虫-高等学校-教学参考资料 Ⅳ.①Q969.9

中国版本图书馆 CIP 数据核字(2021)第 038560 号

云南省"双万计划"一流本科专业专项建设经费
西南林业大学生物多样性保护学院森林保护专业"双万计划"项目(编号SBSW202003)
生态环境部生物多样性调查、观测和评估项目(2019—2023年)资助

中国林业出版社教育分社
策划、责编编辑:肖基浒
电话:(010)83143555　　传真:(010)83143516

出版发行	中国林业出版社(100009　北京市西城区刘海胡同7号) E-mail:jiaocaipublic@163.com　电话:(010)83143500 http://www.forestry.gov.cn/lycb.html
印　刷	北京中科印刷有限公司
版　次	2021年1月第1版
印　次	2021年1月第1次印刷
开　本	710mm×1000mm　1/16
印　张	4.25
字　数	101千字
定　价	25.00元

未经许可,不得以任何方式复制或抄袭本书之部分或全部内容。

版权所有　侵权必究

《资源昆虫学实验与实习实训指导》
编写人员

主　　编　和秋菊　易传辉

副 主 编　钱昱含　刘　霞　王戌勃　柳　青

编写人员　(以姓氏笔画排序)

　　　　　　王戌勃(西南林业大学)

　　　　　　刘　霞(西南林业大学)

　　　　　　易传辉(西南林业大学)

　　　　　　和秋菊(西南林业大学)

　　　　　　柳　青(保山学院)

　　　　　　钱昱含(西南林业大学)

前　言

资源昆虫学实验与实习实训是课程教学的重要环节，通过实验与实习实训使理论紧密联系实际，加深学生们对课堂内容的理解，更好地掌握资源昆虫学的基础知识和研究方法，培养学生们的学习、研究和实践动手能力，以及实事求是的学习态度和团结协作精神。实验与实习实训课的操作是从事资源昆虫学研究与应用的基础，它对培养学生独立思考和独立动手能力，以及使学生养成实事求是的严谨科学态度具有重要意义。

"资源昆虫学"具有较强的实践针对性。本实验及实习实训指导书是为配合课堂教学、帮助学生更直观地去认识资源昆虫，拓展资源昆虫的实际应用编写而成的。实验部分的实验材料包括两部分：观察材料和示范标本，体现资源昆虫取材的习见性、重要性和代表性。实验所用的资源昆虫，有的未标注具体种名而只给出统称（即类群称谓），主要是考虑到该类昆虫皆具有相同或相近功效。实习实训部分为作者近年来的研究成果和目前资源昆虫应用的热点种类，具有鲜明的时代性，有很好的市场前景和应用价值，对今后学生毕业后的创新创业具有重要的指导意义。

指导书的附录内容，可供从事相关工作科技人员和资源昆虫养殖人员参考。

该教材由云南省"双万计划"一流本科专业专项建设经费、西南林业大学生物多样性保护学院森林保护专业"双万计划"项目，以及生态环境部生物多样性调查、观测和评估项目资助完成；保山学院的柳青副教授参与了药用昆虫的调查和饲养工作。

最后，谨向在实验及实习实训指导相关材料等方面给予我们帮助的西南林业大学欧晓红教授表示衷心感谢！

编　者

2020 年 10 月

于西南林业大学

实验与实习实训须知

实验过程中必须按所要求的程序进行，同时应注意下列事项：

1. 操作时必须遵守实验与实习实训规则，服从指导教师的指导。
2. 注意保持实验室的整洁，实验室必须保持肃静。
3. 实验与实习实训前必须先阅读实验指导，初步了解本次实验与实习实训的内容与方法，以保证实验与实习实训的顺利进行。
4. 实验时需按指定方法观察和操作，铅笔绘图并完成实验报告。
5. 所有绘图及报告应于指定日期交指导教师评阅，不得拖延，绘图要力求准确，不允许草率从事。
6. 实验材料必须爱护，不得浪费，剩余材料应交还指定地点，离开实验室前，将本人使用的东西和实验台整理好，并将实验室打扫干净。
7. 使用仪器须加以爱护，并按指定方法使用。如遇故障必须及时报告指导教师。损坏物品，必须如实登记，按学校规定处理。
8. 注意安全，凡易燃之物，使用时必须当心，如禁止用酒精灯相互引火等。
9. 实验课应备物品：
（1）2H 或 3H 铅笔一支及铅笔刀(或砂纸一块，供磨笔用)；
（2）软橡皮一块；
（3）直尺一把；
（4）实验报告纸。

教材数字资源使用说明

PC 端使用方法：

步骤一：扫描教材封四"数字资源激活码"获取数字资源授权码；

步骤二：注册/登录小途教育平台：https://edu.cfph.net；

步骤三：在"课程"中搜索教材名称，打开对应教材，点击"激活"，输入激活码即可阅读。

手机端使用方法：

步骤一：扫描教材封四"数字资源激活码"获取数字资源授权码；

步骤二：扫描书中的数字资源二维码，进入小途"注册/登录"界面；

步骤三：在"未获取授权"界面点击"获取授权"，输入步骤一中获取的授权码以激活课程；

步骤四：激活成功后跳转至数字资源界面即可进行阅读。

数字资源二维码

资源昆虫学实验与
实习实训指导数字资源

目 录

前　言
实验与实习实训须知

上篇　资源昆虫学实验 …………………………………………………… (1)
　　实验一　资源昆虫常见目 …………………………………………… (3)
　　实验二　工业原料昆虫 ……………………………………………… (6)
　　实验三　药用昆虫 …………………………………………………… (8)
　　实验四　食用昆虫 …………………………………………………… (11)
　　实验五　饲料昆虫 …………………………………………………… (12)
　　实验六　观赏娱乐昆虫 ……………………………………………… (13)
　　实验七　传粉昆虫 …………………………………………………… (14)
　　实验八　天敌昆虫 …………………………………………………… (16)
　　实验九　环保昆虫 …………………………………………………… (19)
　　实验十　科学研究用昆虫 …………………………………………… (21)

下篇　资源昆虫学实习实训 ……………………………………………… (23)
　　实习实训一　食用昆虫蟋蟀人工养殖 ……………………………… (25)
　　实习实训二　食用昆虫蝗虫人工养殖 ……………………………… (28)
　　实习实训三　药用昆虫九香虫人工养殖 …………………………… (30)
　　实习实训四　饲料昆虫黄粉虫人工养殖 …………………………… (33)
　　实习实训五　观赏昆虫蝴蝶人工养殖 ……………………………… (36)
　　实习实训六　昆虫文化用品制作 …………………………………… (40)

参考文献 …………………………………………………………………… (42)

附图 ………………………………………………………………………… (43)

附录　紫胶虫优良及常用寄主植物名录 ………………………………… (56)

上 篇
资源昆虫学实验

实验一 资源昆虫常见目

资源昆虫：指昆虫产物(分泌物、排泄物、内含物等)或昆虫体本身可作为人类资源利用，具有重大经济、生态、社会和科研等价值，种群数量具有资源特征的一类昆虫。随着人类科学技术的进步，特别是高新技术在生物领域的应用，将给昆虫利用带来前所未有的促进和发展。

一、目的

掌握昆虫纲中具有重要应用价值的十二个目，包括广翅目、脉翅目、蜻蜓目、螳螂目、直翅目、䗛蠊目、同翅目、半翅目、鞘翅目、鳞翅目、双翅目、膜翅目分目的识别特征(注：为讲述方便，本书仍将同翅目作为一个单独目讲述，而不将其并入半翅目)。

二、提示

1. 昆虫纲分目的主要依据
(1) 翅的有无及其特征，如翅的质地、被饰物等；
(2) 触角的形状；
(3) 口器的构造；
(4) 足的类型及跗节特征；
(5) 变态类型，等等。

2. 实验的主要内容
(1) 辨识昆虫纲常见目(示范)；
(2) 观察资源昆虫十二个重要目的代表(参见附图1)。

三、观察项目

利用解剖镜或手持放大镜逐一观察下列成虫标本，将它们识别到目。

1. 广翅目(Megaloptera)
识别特征：头前口式；前胸呈四方形。
一般习性：全变态，捕食性。
观察1号标本齿蛉(又称鱼蛉)，并辨识前口式。

2. 脉翅目(Neuroptera)
识别特征：头下口式；翅脉网状至翅缘多分成小叉。

一般习性：全变态，捕食性。

观察2号标本草蛉，并辨识下口式。

3. 蜻蜓目（Odonata）

识别特征：中、后胸愈合成"合胸"；前、后翅近翅顶处常具翅痣。

一般习性：半变态，捕食性。

观察3号标本蜻蜓，并辨识翅痣。

4. 螳螂目（Mantodea）

识别特征：头三角形；前胸延长细颈状；前足为捕捉足。

一般习性：渐变态，捕食性。

观察4号标本螳螂，并辨识捕捉足。

5. 蜚蠊目（Blattaria）

识别特征：头后口式；口器咀嚼式；前胸背板盾形，常盖住头部；前翅皮质覆翅。

一般习性：渐变态，杂食性。

取5号标本蜚蠊，观察咀嚼式口器着生于后口式的头部。辨识步行足（适于急走）。

6. 直翅目（Orthoptera）

识别特征：头下口式，口器咀嚼式；前翅革质覆翅；后足为跳跃足或前足为开掘足。

一般习性：渐变态，植食性。

观察6号标本蝗虫，辨识咀嚼式口器、覆翅和跳跃足。

7. 同翅目（Homoptera）

识别特征：口器刺吸式，自头的下后方或胸足基节间伸出；两对翅的质地均同。

一般习性：渐变态，植食性。

观察7号标本蝉，并辨识刺吸口器（又称喙）。

8. 半翅目（Hemiptera）

识别特征：口器刺吸式，自头的前端后伸；前翅基半部革质、端半部膜质，称半（鞘）翅。

一般习性：渐变态，植食性或捕食性。

观察8号标本蝽，辩别半鞘翅。

9. 鞘翅目（Coleoptera）

识别特征：口器咀嚼式；前翅角质为鞘翅。

一般习性：全变态。多数植食性、捕食性或寄生性，亦有少数腐食性、粪食性和尸食性种类。

观察 9 号标本瓢虫或金龟，并辨识鞘翅。

10. 鳞翅目（Lepidoptera）

识别特征：口器多为虹吸式；翅被鳞片呈鳞翅。

一般习性：全变态。绝大多数植食性，少数捕食性。

观察 10 号标本蝴蝶，辨识虹吸式口器及鳞翅。

11. 双翅目（Diptera）

识别特征：口器舐吸式或刺吸式等；一对前翅膜质，后翅特化成"平衡棒"。

一般习性：全变态。植食性、捕食性、寄生性、腐食性或粪食性。

观察 11 号标本大蚊，辨别平衡棒。

12. 膜翅目（Hymenoptera）

识别特征：口器咀嚼式或嚼吸式；前、后翅均为膜质；胸、腹部间常呈细腰结构。

一般习性：全变态。植食性、捕食性或寄生性。多营社群生活。

观察 12 号标本胡蜂，并辨识膜翅。

四、作业

列表记录观察标本的分类地位、口器类型、前后翅特征及特化足的类型（表 1-1）。

表 1-1　观察标本的分类地位和识别特征

序号	标本名称	分类地位	口器类型	触角类型	足的类型	翅的类型
1						
2						
3						
4						

实验二　工业原料昆虫

工业原料昆虫：指能大批量进行工厂化产品加工的原料昆虫或其产物可以大批量地进行工厂化产品加工的昆虫。包括家蚕、柞蚕、天蚕、蓖麻蚕等各种绢丝昆虫，五倍子蚜虫、紫胶虫、白蜡虫、蜜蜂、没食子蜂和胭脂虫等。

一、目的

1. 掌握重要工业原料昆虫种类。
2. 熟悉工业原料昆虫产物及用途。

二、材料与仪器

1. 实验材料

（1）紫胶：雌成虫及紫胶产物（紫胶原胶、紫胶色素、紫胶漆）；寄主植物见附录。

（2）白蜡虫：雌成虫、卵与产物（蜡花、毛头蜡）；白蜡虫定叶、定杆及白蜡枝条。

（3）五倍子：枣铁倍蚜、倍花、角倍、肚倍和角倍蚜冬寄主——苔藓类（尖叶、圆叶葡灯藓）。

（4）丝蚕：家蚕（*Bombyx mori* L.）卵、幼虫、蛹、成虫四个虫态及产物。

2. 实验用具

体视解剖镜、镊子、解剖针等。

三、方法与步骤

用肉眼或解剖镜依次观察四大类标本，重点记录其产物。

四、作业

1. 列表记录观察工业原料昆虫的分类地位、产物及用途（表1-2）。
2. 绘制五倍子识别特征图。

表 1-2 观察标本的分类地位和用途

序号	标本名称	分类地位	产物	用途及应用范围
1				
2				
3				
4				

实验三 药用昆虫

药用昆虫：指具有药用价值，可以治疗或辅助治疗某种或某类疾病，能增强机体免疫力的昆虫。常见的有九香虫、地鳖虫、冬虫夏草、斑蝥、土元、螳螂、蝉(脱)、蜣螂等。

一、目的

1. 掌握常见药用昆虫种类(参见附图 2)。
2. 熟悉药用昆虫功效虫态。

二、材料与仪器

1. 实验材料

蛰螉、白蚁(成虫及白蚁茶)、东方蝼蛄、蝉及蝉蜕、九香虫、芫菁、隐翅虫、虫草、多刺蚁、螳螂及螵蛸共十类标本。

昆虫药剂和昆虫保健品口服液若干。

2. 实验用具

体视解剖镜、镊子、解剖针等。

三、方法与步骤

用肉眼或解剖镜依次观察十类标本识别特征，重点记录功效虫态。

1. 虫草

为鳞翅目(Lepidoptera)蝙蝠蛾科(Hepialidae)幼虫被虫草菌寄生所形成。认真观察虫草蝠蛾成虫及其功效虫态。

"冬虫夏草"分两部分：埋在地下部分的幼虫体已被虫草菌丝填充；长出的深色"柄状"部分是虫草菌子实体。

2. 多刺蚁

为膜翅目(Hymenoptera)蚁科(Formicidae)多刺蚁属(*Polyrhachis*)种类。

注意观察胸部的刺突。功效虫态是什么？

3. 隐翅甲

属鞘翅目(Coleoptera)隐翅虫科(Staphilinidae)。

识别特征是：鞘翅短，不超过腹部之半；身体密被色毛；无尾铗(与革翅类区别)。注意这类昆虫有毒,俗称"毒虫"。其功效虫态是什么?

4. 斑蝥

即芫菁,属鞘翅目(Coleoptere)芫菁科(Meloida)。

观察所给标本的体形、触角、复眼、鞘翅的色泽和饰毛等。

5. 九香虫[*Aspongopus chinensis* (Dallas)]

属半翅目(Hemiptera)蝽科(Pentatomidae)。

以成虫入药。观察触角5节,喙4节。体色有何特点?

6. 东方蝼蛄(*Gryllotalpa orientalis* Burmeister)

属直翅目(Orthoptera)蝼蛄科(Gryllotalpidae)。

以成虫入药。观察翅及前足。注意后足胫节背面内侧有能动的棘3~4个,这是该种的鉴别特征。

7. 地鳖

俗称土鳖虫,属蜚蠊目(Blattaria)鳖蠊科(Gorydiidae)。

成虫呈性二型现象,雄虫具翅,雌虫无翅。以末龄雄虫和雌成虫入药。观察雌成虫的体形、体色及足基节特征。

8. 白蚁

属等翅目(Isoptera)。

注意观察触角类型,兵蚁、工蚁和蚁后的区别。

9. 螵蛸

为螳螂目(Mantodea)昆虫形成的卵鞘。

仔细观察其构型。成虫的识别标志是什么?

10. 蝉蜕

为同翅目(Homoptera)蝉科(Cicadidae)种类成虫羽化时的蜕皮。比较蝉虫与蝉蜕。

四、作业

1. 列表记录观察标本的分类地位及功效虫态(表1-3)。
2. 记述民间炮制虫药方法。

表1-3 观察标本的分类地位和功效虫态及用途

序号	标本名称	分类地位	功效虫态	用途
1				
2				
3				

续表

序号	标本名称	分类地位	功效虫态	用途
4				
5				
6				
7				
8				
9				
10				

实验四　食用昆虫

食用昆虫：指昆虫虫体可供人们食用的昆虫。由于昆虫的蛋白质含量高、人体必需氨基酸全面、蛋白纤维少、营养成分易被人体吸收、繁殖世代短、繁殖指数高、适于工厂化生产、资源丰富等特点，是一类理想的亟待开发的食物资源。

一、目的

1. 掌握常见食用昆虫种类（参见附图 3）。
2. 熟悉食用昆虫利用虫态。

二、材料与仪器

1. 实验材料

蜻蜓幼虫、蝗虫成虫、桂花蝉、龙虱成虫、天牛幼虫、竹虫（幼虫）、马桑蚕蛹、天蛾幼虫、胡蜂幼虫和蛹、蟋蟀十类标本；昆虫罐头及产品。

2. 实验用具

体视解剖镜、镊子、解剖针等。

三、方法与步骤

用肉眼或解剖镜依次观察十类标本识别特征，重点记录食用虫态。

四、作业

1. 列表记录观察标本的分类地位及食用虫态（表 1-4）。
2. 记述你家乡常见食用昆虫及食用方法。

表 1-4　观察标本的分类地位和食用虫态

序号	标本名称	分类地位	食用虫态
1			
2			
3			
4			

实验五　饲料昆虫

饲料昆虫：指可以用作动物饲料的各种昆虫。常见的有黄粉虫、大麦虫、黑水虻、东亚飞蝗等。

一、目的

1. 掌握常见饲料昆虫种类。
2. 熟悉饲料昆虫利用虫态。

二、材料与仪器

1. 实验材料

黄粉虫(成虫、蛹、幼虫)、松毛虫蛹、黑水虻成虫、蝇蛆、蝗虫。

2. 实验用具

体视解剖镜、镊子、解剖针等。

三、方法与步骤

用肉眼或解剖镜依次观察四类标本识别特征，重点记录功效虫态。

四、作业

1. 列表记录观察饲料昆虫的分类地位及功效虫态(表1-5)。
2. 绘制两种饲料昆虫的识别特征形态图。

表1-5　观察标本的分类地位和功效虫态

序号	标本名称	分类地位	功效虫态
1			
2			
3			
4			

实验六 观赏娱乐昆虫

观赏娱乐昆虫：指昆虫因其色彩、形态和行为等方面可供人们观赏和娱乐的昆虫。常见种类如鳞翅目蝴蝶中的凤蝶、蛱蝶、斑蝶等，鞘翅目中的锹甲、犀金龟、臂金龟等，半翅目中的盾蝽等，直翅目中的斗蟋等。

一、目的

1. 掌握常见观赏娱乐昆虫种类(参见附图4)。
2. 熟悉观赏娱乐昆虫利用方式。

二、材料与仪器

1. 实验材料

(1) 观赏性甲虫和蝶类两类标本。
(2) 观看螳螂、萤火虫、蝴蝶等相关幻灯片。
(3) 文化昆虫鉴赏品件示范：琥珀、观赏昆虫工艺品、昆虫诗词与书画作品。

2. 实验用具

体视解剖镜、镊子、解剖针等。

三、方法与步骤

用肉眼或解剖镜依次观察标本及产品的识别特征，重点记录利用方式。

四、作业

1. 列表记录观察观赏娱乐昆虫种类的分类地位及利用方式(表1-6)。
2. 谈谈你对观赏娱乐昆虫的开发利用前景。

表1-6 观察标本的分类地位和利用方式

序号	标本名称	分类地位	利用方式
1			
2			
3			
4			

实验七　传粉昆虫

传粉昆虫：指能为植物传播花粉的昆虫。常见的有膜翅目中的蜂类、鳞翅目中的蝴蝶、天蛾，双翅目中的蝇类，鞘翅目中的芫菁等，随着研究的不断深入，越来越多的不常见其他传粉昆虫被发现。传粉昆虫与农林牧业关系十分密切。对于要求专一虫媒传粉的植物而言，传粉虫种及其数量甚至直接影响到植物的生长发育或产量。

一、目的

1. 掌握传粉昆虫常见类群；通过观察，认识传粉昆虫代表种，明确其分类地位和作用方式。
2. 熟悉常见传粉昆虫主要识别特征。

二、材料与仪器

1. 实验材料

蜜蜂、熊蜂、食蚜蝇、蝴蝶、天蛾、小青花潜、蓟马等七类标本。

2. 实验用具

体视解剖镜、镊子、解剖针等。

三、方法与步骤

用肉眼或解剖镜观察各类标本特征，按头胸腹体段观察各类标本口器、触角、翅和足的类型。

传粉昆虫代表种类：

1. 蜜蜂(honey bees)

属膜翅目(Hymenoptera)蜜蜂总科(Apoidea)。

咀嚼式口器；后足为携粉足。

(1) 中华蜜蜂(*Apis cerana* Fab.)；

(2) 意大利蜂(*Apis millifera* L.)。

注意观察口器、翅及足的构造；比较两种蜜蜂的体形大小，色泽斑纹，明确两种间的区别。

2. 蝶类(butterflies)

属鳞翅目(Lepidoptera)锤角亚目(Rhopalocera)。

触角球杆状；喜白天活动；停息时双翅竖立于体背。

(1) 菜粉蝶(*Pieris rapae* L.)；

(2) 柑橘凤蝶(*Papilio xuthus* L.)(又称花椒凤蝶)；

(3) 樟青凤蝶(*Graphium sarpedon* L.)(又称绿带凤蝶)；

(4) 紫蓝小灰蝶(*Lycaena boetica* L.)。

注意观察体色及翅面斑纹，记住识别特征。各属于何科？

3. 蛾类(mothes)

属鳞翅目(Lepidoptera)。触角丝状、羽状、栉齿状等，非球杆状；停息时双翅屋脊状覆盖于体背或平伸在身体两侧。

(1) 蕾鹿蛾[*Amata germana* (Falder)](鹿蛾科：Tenuchidae)；

(2) 蜂天蛾(*Sataspes* sp.)(天蛾科：Sphingidae)。

注意观察它们的体形及翅的特征，尤其是翅鳞在翅面上的分布有什么特别标志？活动习性上与其他蛾类有何不同？

4. 蝇类(flies)

属双翅目(Diptera)。具一对前翅，后翅退化；口器舐吸式。

(1) 细腰食蚜蝇(*Bacha maculata* Walk.)(食蚜蝇科：Syrphidae)；

(2) 花蝇一种(花蝇科 Anthomyiidae)。

对比观察它们的体色和翅脉，认准食蚜蝇这一类益虫。

5. 其他类群

(1) 甲虫类(beetles)：属鞘翅目(Coleoptera)。

观察小青花潜(*Oxycetonia jucunda* Fald.)的翅、口器等；体表是否具毛？

(2) 蓟马类(thrips)：属缨翅目(Thysanoptera)。

观察具翅两对，特化成缨翅；口器锉吸式。

注意仅活动于花间的种类具有传粉作用，其余大多为害虫。

四、作业

1. 列表记录观察传粉昆虫的分类地位、口器、触角、翅及足类型(表1-7)。
2. 绘制蜜蜂后足的识别特征形态图。

表1-7 观察标本的分类地位和识别特征

序号	标本名称	分类地位	口器类型	触角类型	足的类型	翅的类型
1						
2						
3						
4						

实验八　天敌昆虫

天敌昆虫：指可被人们利用防治农林害虫的一类昆虫。常见的有膜翅目的各种小蜂、胡蜂，双翅目中的寄蝇、食蚜蝇，螳螂目，蜻蜓目和半翅目的猎蝽等。天敌对害虫的控制作用已为人们所熟知。天敌昆虫主要分为捕食性与寄生性两大类。主动"刺杀""猎捕"害虫的是捕食性天敌昆虫；而以某个虫态或是终身依赖害虫寄主生活的属寄生性天敌昆虫。

一、目的

1. 掌握天敌昆虫常见类群(参见附图5)。
2. 熟悉常见天敌昆虫主要识别特征，明确其分类地位和作用方式。

二、材料与仪器

1. 实验材料
蚂蚁、瓢虫、步甲、猎蝽、草蛉、蜻蜓、寄生蜂、寄蝇等标本。

2. 实验用具
体视解剖镜、镊子、解剖针等。

三、方法与步骤

用肉眼或解剖镜观察各类标本，按头胸腹体段观察各类昆虫口器、触角、翅和足的类型。

1. 捕食性天敌昆虫

(1)蚁类(ants)：属膜翅目(Hymenoptere)蚁科(Formicidae)。

胸、腹间具结节；营社会性生活；个体多型。

黄猄蚁(*Oecophylla smaragdina* Fabricius)，又称黄柑蚁、红树蚁。

多分布于南方柑橘、可可、咖啡、橡胶、紫胶园内。

工蚁分大型和小型两种。体长大工蚁 9.5~11.0mm；小工蚁 7~8mm。体锈红色或黄红色，半透明。

(2)瓢虫(lady beetles)：属鞘翅目(Coleoptera)瓢虫科(Coccinellidae)。体半圆形；腹部第一节腹板具后基线。

①七星瓢虫(*Coccinella septempunctata* L.)。几乎全国各地都有分布。

体长 5.2~7.0mm；体宽 4.0~5.6mm；两鞘翅上共有 7 个黑斑。捕食蚜虫。

②异色瓢虫[*Harmonia axyridis* (Pallas)]。国内分布地记载有云南、湖南、山西、北京、河北、辽宁、山东、吉林、黑龙江。

体长 5.4~8.0mm；体宽 3.8~5.2mm。体色泽及斑纹变异多样；鞘翅近末端(7/8)处有一明显的横脊痕。捕食蚜虫。

(3)步甲(ground beetles)：属鞘翅目(Coleoptera)步甲科(Carabidae)。头前口式；足细长，适于行走。

短鞘步甲(*Pheropsophus jessoensis* Mor.)

分布在云南、四川、广西、广东、福建、江西、浙江、江苏、山东、河北、辽宁等省(自治区)。

体长 12~20.5mm；体宽 5~8mm。鞘翅末端平截，不差及腹；前胸背板具"I"字形黑纹。

(4)猎蝽：属半翅目(Hemiptera)猎蝽科(Reduviidae)。头部有"细颈"，能活动自如；喙粗短 3 节，弓起而不紧贴头下。

观察猎蝽之一种。

(5)草蛉(lace-winged flies)：属脉翅目(Neuroptea)草蛉科(Chrysopidae)。体柔弱多呈草绿色；复眼发达，有金属光泽。

中华草蛉[*Chrysoperla sinica* (Tjeder)]

分布全国各地。

体长 9~10mm；前翅长 13~14mm，后翅长 11~12mm。胸部和腹部背面具黄色纵带。

(6)蜻蜓(dragonflies)：属蜻蜓目(Odonata)差翅亚目(Anisoptera)。触角刚毛状；后翅常宽于前翅。

黄衣(*Pantala flavescens* Fabricius)(蝽科：Pentatomidae)

全国各地常见。

腹部长度 29~35mm；后翅长 38~41mm；身体常呈浅黄褐色。

2. 寄生性天敌昆虫

(1)赤眼蜂：属膜翅目(Hymenoptera)纹翅小蜂科(Trichogrammatidae)。体极微小；复眼赤红；卵寄生。

松毛虫赤眼蜂(*Trichogramma dendrolimi* Matsumura)

全国均有分布。

体长 0.5~1.0mm，主要寄主为松毛虫卵。

(2)肿腿蜂：属膜翅目(Hymenoptera)肿腿蜂科(Bethylidae)。前足腿节膨大呈纺锤形

管氏肿腿蜂(*Scleroderma guani* Xiao et Wu)

主要分布于我国河北、山东、粤北山区。

体长3.0~4.0mm，以鞘翅目、鳞翅目等多种蛀干害虫(特别是天牛类)的幼虫和蛹为寄主的体外寄生蜂。

(3)寄蝇(tachindflies)：属双翅目(Diptera)寄蝇科(Larvaeovidae)。体多刚毛，尤以腹端显著。

蚕饰腹寄蝇(*Blepharipa zebina* Walk)

全国均有分布。

体长10~18mm。主要寄生于松毛虫，也有寄生于家蚕、柞蚕的记录。

四、作业

1. 记录实验所看到的天敌昆虫种类，并给出天敌主要控制的害虫对象(表1-8)。

2. 任意选绘2种传粉昆虫形态识别特征简图。

表1-8 观察天敌昆虫标本的分类地位和作用

序号	标本名称	分类地位	主要控制的害虫对象
1			
2			
3			
4			

实验九　环保昆虫

环保昆虫：是指对环境监测、保护和改造具有直接积极作用的一类资源昆虫。环保昆虫参与森林凋落物及动物残骸的分解；改良土壤；清除草原和田野的畜粪、害草；转化人类生活或工矿企业排弃的废物。除此之外，根据昆虫活动测知气候变化，利用昆虫作为监测大气、水域和土质污染的生物指标必将愈加显示其重要性和不可替代性。常见的有广翅目的齿蛉、双翅目的摇蚊等各种水生昆虫，对水生生态敏感，蝴蝶等各种对陆地生态环境变化敏感，常用作相关环境变化指示生物。

一、目的

1. 掌握环保昆虫常见类群。
2. 熟悉环保昆虫主要作用。

二、材料与仪器

1. 实验材料

水生昆虫、土栖昆虫两类标本；相关资料PPT展示。

2. 实验用具

体视解剖镜、镊子、解剖针等。

三、方法与步骤

用肉眼或解剖镜观察各类标本，明确各标本识别特征，查阅相关资料熟悉环境监测昆虫主要作用。环保昆虫及其作用：

1. 净化环境

（1）植食性分解者：白蚁、金花虫等。

（2）尸食、粪食性"清洁工"：埋葬甲、蜣螂等。

2. 生物监测

（1）水生态系统：水生昆虫(广翅目、蜉蝣目、襀翅目、毛翅目、双翅目摇蚊等)。

（2）陆地生态系统

① 土质：土壤昆虫(步甲、蚂蚁、蟋蟀等)；

② 大气：家蚕、蜜蜂等；
③ 森林生态系统：蝴蝶等。

四、作业

列表记录观察标本的分类地位及其对应环境监测中的作用(表1-9)。

表 1-9　观察标本的分类地位和监测作用

序号	标本名称	分类地位	环境监测作用
1			
2			
3			
4			

实验十　科学研究用昆虫

科学研究用昆虫：指可作为研究材料用于科学研究，以探求各种科学问题的昆虫。如果蝇，作科学研究的模式昆虫，用于探索生命规律，已在遗传学和发育生物学等领域广泛使用。

昆虫是无脊椎动物中进化程度较高的类群，而且生活史短，适应性广，与人类活动关系密切，因而很多种类已成为某些科学研究领域的特殊专用对象。这类供试昆虫已在人们所熟知的领域如仿生学、遗传学、行为学、太空与宇航研究、核科学，以及营养、生理、内分泌研究等得到应用。实验昆虫因科研目的各异而有不同的择用原则。

一、目的

1. 掌握科学研究用昆虫常见类群。
2. 熟悉常见科学研究用昆虫主要作用。

二、材料与仪器

1. 实验材料

常见科学研究用昆虫类群；相关资料 PPT 展示。

2. 实验用具

体视解剖镜、镊子、解剖针等。

三、方法与步骤

结合相关资料熟悉科学研究用昆虫主要作用及实例。

1. 仿生学领域

蜻蜓、萤火虫等。

2. 遗传学领域

果蝇、异色瓢虫等。

3. 行为及生理学领域

蚂蚁和蜜蜂等。

4. 毒理学领域

家蚕、家蝇等。

四、作业

列表记录观察标本的分类地位及其对应科学研究中的作用及实例（表1-10）。

表 1-10 观察标本的分类地位及其科学研究中作用

序号	标本名称	分类地位	科学研究用的作用及实例
1			
2			
3			
4			

下 篇
资源昆虫学实习实训

教材数字资源使用说明

PC 端使用方法：

步骤一：扫描教材封四"数字资源激活码"获取数字资源授权码；

步骤二：注册/登录小途教育平台：https：//edu.cfph.net；

步骤三：在"课程"中搜索教材名称，打开对应教材，点击"激活"，输入激活码即可阅读。

手机端使用方法：

步骤一：扫描教材封四"数字资源激活码"获取数字资源授权码；

步骤二：扫描书中的数字资源二维码，进入小途"注册/登录"界面；

步骤三：在"未获取授权"界面点击"获取授权"，输入步骤一中获取的授权码以激活课程；

步骤四：激活成功后跳转至数字资源界面即可进行阅读。

数字资源二维码

资源昆虫学实验与
实习实训指导数字资源

实习实训一　食用昆虫蟋蟀人工养殖

蟋蟀属直翅目蟋蟀科昆虫。在泰国，蟋蟀作为普通食品在市场上出售，已能规模化人工养殖，我国民间食用蟋蟀历史悠久，但大规模人工养殖食用蟋蟀则是近年来开始兴起，养殖种类主要为双斑蟋（*Gryllus bimaculatus* De Geer），又称黑蟋蟀。本实习实训对双斑蟋进行养殖。

一、种虫

双斑蟋成虫500g，从网上购买或野外采集。

二、饲养设施与设备

(1)密闭性较好房间一间。

(2)塑料箱5个，白色塑料箱(长×宽×高约70 cm×52 cm×45 cm)，可网上购买，用于种虫和其他蟋蟀养殖。

(3)产卵盒5个，白色塑料(长×宽×高约25 cm×20 cm×10 cm)，可网上购买。

(4)鸡蛋托架50个，用于蟋蟀栖息环境营造，可网上购买。

(5)可调节加热器1个(可用家用电热油汀加热器)，加湿器1个。

三、饲料

主要包括玉米粉、麦麸、豆粕、酵母粉、饲料用维生素和食盐。各原料按比配混合拌匀，以手捏不出水为度，密闭发酵2~3天更佳，饲料配方比例见表2-1。

表2-1　蟋蟀饲料配方　　　　　　　　　　%

原料	玉米粉	麦麸	豆粕	干酵母粉	维生素	食盐
比例	60	18	20	1.5	0.3	0.2

四、饲养技术

1. 种虫饲养

(1)养殖箱布置：将蛋托架10片上下重叠放于养殖箱内，供蟋蟀栖息；蛋托架旁边放产卵盒，放于养殖箱底部，与蛋托架并列；产卵盒内放入含有一定水分松软泥土，供成虫产卵。

(2) 种虫投放：将种虫放入养殖箱内，野外采集的种虫因野性较强，跳跃能力强，养殖箱须盖上盖子，以防逃逸，购买的种虫已适应人工环境，较温顺，可不盖盖子。

(3) 饲料投放：将饲料投放在一硬木片或硬纸板上，铺开，木片或纸板放于养殖箱内蛋托架上，以方便蟋蟀取食；每天投放一片洗净晾干白菜叶。

(4) 取卵：观察产卵情况，发现大量成虫在产卵盒中产卵时，每 2 天更换 1 次产卵盒，以保证一下代的孵化整齐。

2. 若虫饲养、食品原料采收与留种

(1) 将取出的产卵盒放入养殖箱中，养殖箱中放入 2 片蛋托架，供孵化若虫栖息，随若虫的生长，逐步增加蛋托架。

(2) 观察若虫孵化情况，在 28~30℃，卵 20~25 天孵化，若虫孵化后，投入饲料，饲料撒于木片或硬纸板上，放于养殖箱底板上，以方便若虫取食，低龄若虫较小，取食量较少，前期投入饲料要少，以 2 天内取食尽为宜，取食完后再补充投食；每天投入 1 片洗净晾干白菜叶，当天取食后为宜。

(3) 作为食品昆虫原料使用蟋蟀，待若虫羽化为成虫前，饥饿 2 天，以排尽腹内食物残渣，收集，用开水烫死晾干或风干待用。

(4) 选择个大活跃大龄若虫个体留着种虫，放入产卵收集箱中，产卵收集箱布置与饲养种虫相同。

养殖室内温度设置为 29~30℃，相对湿度 65%~75%。

图 2-1 为蟋蟀人工养殖场景。

五、作业

查阅资料，制作油炸蟋蟀 1 份。

图 2-1 人工蟋蟀人工养殖场景

1. 蟋蟀卵；2. 蟋蟀低龄若虫养殖；3~4. 蟋蟀大龄若虫养殖；5. 蟋蟀成虫养殖产卵；
6. 蟋蟀养殖场景

实习实训二　食用昆虫蝗虫人工养殖

蝗虫属直翅目蝗总科昆虫，蝗虫养殖简单，饲养容易，市场前景好，目前主要养殖种类为东亚飞蝗[*Locusta migratoria manilensis*（Meyen）]，另外有一小部分为稻蝗[*Orya chinensis*（Thunberg）]。本实习实训对东亚飞蝗进行养殖。

一、养殖设施与设备

养殖大棚修建：选择向阳、不淹水的平地，建设宽 6 m、长 20 m 塑料钢架大棚 1 个（外形与蔬菜大棚相近），大棚两边安装 60 目防虫网，用于大棚温度过高时通风降温；大棚建门 1 个，便于进入大棚；大棚侧面设计投料口 4 个，以利于投放饲料。养殖大棚也可用竹子做骨架修建简易大棚。

二、饲料

墨西哥玉米[*Zea mexicana*（Schrad.）Kuntze]种植：选择向阳，养殖大棚附近，土壤肥力较好平地 300 m^2，种植墨西哥玉米，用作蝗虫饲料；也可种植黑麦草代替墨西哥玉米。墨西哥玉米种子可在网上购买。

三、种虫

在网上购买东亚飞蝗成虫 2 kg，用于养殖用种虫。

四、养殖技术

1. 种虫养殖

将购买种虫放入养殖大棚中，大棚门关闭，以防蝗虫逃逸。每天投入墨西哥玉米叶饲喂，以食完为度，上午、下午各投一次；任种虫在大棚内交配产卵和孵化。

2. 若虫养殖

若虫孵化后，即时投入墨西哥玉米叶。每天投入饲料 4 次，上午、下午各 2 次，低龄若虫取食量小，注意不要投入过多，以 2 小时内取食完为宜，以免浪费。若作食品用，第四龄时可捕捉，捕捉后放入透气尼龙袋内饥饿 2 天，待其排空腹内食物残渣后可用；若留做种虫的，可任其自然成长交配、产卵、孵化。孵化若虫长到一定程度，视虫口密度移出部分到其他养殖大棚。

养殖大棚内温度在 30℃ 左右为适,注意大棚两边的开闭以保温和降温,以调节大棚温度。

图 2-2 为蝗虫人工养殖场景。

图 2-2 蝗虫人工养殖场景

1. 墨西哥玉米;2. 黑麦草;3. 幼虫的饲养;4. 成虫;5. 成虫的采集;6. 养殖大棚外景

实习实训三　药用昆虫九香虫人工养殖

九香虫(*Aspongopus chinensis* Dallas)属半翅目蝽科兜蝽亚科昆虫,是《中国药典》所收录的传统中药,具有行气止痛、温中助阳功能,具有巨大的药用价值和保健功能;九香虫最早记载于《本草纲目》,具有良好的壮阳保健功效,"咸温无毒,用于膈脘滞气,脾肾亏损,壮肾之阳"。九香虫的功效在《本草新编》《本草用法研究》《摄生众妙方》等均有记载,主要用于胃寒、肝胃气痛、肾虚阳痿和腰膝酸痛等治疗。现代研究表明,九香虫还具有良好的抗癌、抗菌消炎、抗氧化、抗凝血和抗疲劳等功效,广泛用于食管癌、胃癌等的治疗。九香虫在民间应用历史悠久,在贵州(赤水河、剑河、道真)、云南(金沙江流域)、四川(攀枝花地区)、重庆(川南)等地区,一直作为传统食品食用,油炸九香虫备受欢迎;另外,民间还用九香虫泡酒饮用。九香虫应用前景非常广阔,近年来市场需求量越来越大,但仅能从野外捕抓,由于长期大量捕抓,野生资源急剧减少,国内资源已近枯竭,很多原有分布地已无法采集到,目前绝大多数仅能从越南、缅甸等国进口,但产量也逐年大幅下降,已无法满足市场需求,市场缺口极大,价格一路飙升,2012 年仅 40 元/kg,目前上涨到 2500 元/kg(干虫),短短 8 年上涨了近 60 倍。若要解决目前九香虫产业所面临的资源短缺困境,人工养殖技术是关键。本实习实训开展九香虫人工养殖。

一、养殖设施与设备

(1)塑料大桶 5 只,大桶底用利器打 3~5 个直径约 1 cm 孔洞,以利于透水,大桶内装入拌有腐殖土的土壤。

(2)60 目防虫纱网,做成圆桶状,长(高)约 1.5 m,口径与塑料大桶上口直径略大;纱网侧面开一个长约 15 cm 口,并用拉链封口,以利于放入种虫时操作。

(3)粗铁丝若干,用于寄主植物和纱网支撑。

(4)加湿器 1 台;遮阴网(70%遮阴率)20 m;杀虫剂(高效低毒)300 mL、杀菌剂(广谱)500 g。

(5)保种室 1 间(10 m^2),要求通气性较好,有密闭性,以防九香虫逃逸。

二、寄主植物

九香虫寄主植物较多,主要为葫芦科的南瓜[*Cucurbita moschata* (Duch ex

Lam）Duch. ex Poiret］和佛手瓜［*Sechium edule*（Jacq.）Swartz］，本实习实训选用佛手瓜作为九香虫寄主植物。

三、种虫

每年6月到野外佛手瓜上采集。

四、养殖技术

1. 寄主植物

在年底佛手瓜种子长出幼芽时，每桶中种佛手瓜2个，放于通风、阳光充足地方，注意浇水、施肥和佛手瓜打顶。翌年2~5月，每月喷防治白粉病药剂1次，并注意观察是否有蚜虫、飞虱或其他虫害发生。如有，则喷施低毒农药杀灭，以保证其良好生长。同时插上铁丝，做好支架支撑，注意保证瓜藤正常向上攀爬；罩上纱网。

2. 种虫释放

将采集到的九香虫种虫放于纱网内，每桶内放入10对，任其自然交配、产卵和孵化。

3. 病虫害防治

在7~9月底，每月喷施广谱杀菌剂1次，以防治九香虫病害。

4. 采收

10月中旬，可采收九香虫成虫，采收时，注意防护，戴上眼镜和一次性手套，以防止臭液进入眼睛或沾皮肤上，若进入眼睛或沾上皮肤，应立即用清水冲洗，若不适，应立即就医；若留种，选取个大、活跃个体（注意雌雄个体、雄虫个体较雌虫小，雌雄比例1∶1.2）；若做产品，可将采收的九香虫活体放入50~60℃热水中烫死，以利于排出臭液，捞出晾干待用。

5. 种虫越冬保存

遮阴网用杀菌剂浸泡晾干，在保种室内铺开；选取种虫放于遮阴网下面。保种室要求通风，同时室内相对湿度保持在70%~80%，用加湿器加湿，注意调节；翌年5月初，越冬成虫开始出来活动时，可将种虫移入养殖设施、设备内进行养殖。

图2-3为九香虫人工养殖场景。

五、作业

1. 观察记录若虫龄期与龄数。
2. 观察记录你所发现的九香虫寄主植物和九香虫病虫害。

图 2-3　九香虫人工养殖场景

1. 寄主植物；2. 种虫野外采集；3. 种虫投放；4. 交配；5. 卵与若虫孵化；6. 养殖成虫

实习实训四　饲用昆虫黄粉虫人工养殖

黄粉虫(*Tenebrio moliter* Linnaeus)属鞘翅目拟步甲科昆虫,我国养殖最早始于 1952 年,是目前我国养殖最为成功规模最大的饲用昆虫,广泛用于各种观赏鸟类、珍禽,以及甲鱼、牛蛙等水产养殖的活体饲料。随着科研的进一步深入,黄粉虫很多新用途被发现。黄粉虫养殖市场前景广阔,效益较好。本实习实训开展黄粉虫的养殖。

一、饲养设施与设备

1. 饲养盒

黄粉虫饲养设备要求简单,塑料盒、各种盒子、木箱均可,但要求内壁光滑,以防幼虫逃逸。目前,网上有售专门用于黄粉虫饲养的塑料盒子。从网上购买 5 个,用于黄粉虫饲养。

2. 分离筛

20 目、40 目、60 目、100 目筛孔,用于分离幼虫和虫粪,可用防虫网自做,各 1 个。

3. 产卵盒

由饲养盒与分离筛组合而成,用于收集虫卵。

4. 孵化盒和羽化盒

可用饲养盒代替。

5. 其他设备

手持喷雾器 1 个、卫生纸(大)若干、镊子 1 把。

二、饲养场所

要求通风良好,能防鼠害,冬季具保温的房间即可。

三、饲料

1. 1 号饲料配方

麦麸 70%,玉米粉 25%,豆粕 4.5%,饲用复合维生素 0.5%。

2. 2 号饲料配方

麦麸 75%,鱼粉 5%,玉米粉 15%,食糖 4.5%,饲用复合维生素 0.5%。

各成分混合，加入适量水搅匀，以手捏略能成团不出水为宜，配好后放置不超过 2 天，最好现配现用。也可将上述成分混合，加入少量饲用酵母和水搅匀发酵后使用，效果更佳。

本实验选用 1 号饲料进行饲养。购买饲料原料：麦麸 10 kg，玉米粉 3 kg，豆粕 0.5 kg，饲用复合维生素 0.5 kg，按比例混配饲料。

四、饲养技术

1. 种虫的扩繁

(1)种虫：从淘宝网上购买 500 g 大龄幼虫。

(2)种虫饲养：每天投放配好饲料约 100 g，待饲料取食将尽时，投放 1 片白菜叶(洗净晾干后)。

(3)蛹的选取与羽化：选取个大、尾部活动活跃蛹放入羽化盒内，蛹上盖上卫生纸，用手持喷雾器在纸上喷水，保持卫生纸湿润为宜，不可过多。

(4)产卵：将羽化成虫移入产卵盒中，产卵盒底放一张卫生纸，其上部撒 5 mm 厚饲料；产卵盒放于黑暗处，第 6 天和第 10 天各收 1 次卵，将产卵盒内纸连同上面的饲料一同移入孵化盒内。

2. 饲养

(1)孵化盒内幼虫孵化后，观察饲料取食情况，待取食尽后，用 100 目筛筛除虫粪(13~15 天)，除粪后，低龄幼虫投放虫重的 1~2 倍饲料，每 7 天投放 1 次(观察取食情况，如未取食干净，待取食干净后再筛除虫粪)，筛除虫粪(观察，根据虫大小选用合适孔径分离筛)后再投入饲料(每次可根据虫体大小和取食量适当调整投食量，大虫应增加投食量)，每 2 天盒内投入 2~3 片白菜叶。

(2)待化蛹时，选取个体大、活跃个体留做种虫，种虫管理与收卵同种虫繁殖，留作下一代种源。

(3)多余大龄活体幼虫可直接用作饲料，或烘干保存。

图 2-4 为黄粉虫人工养殖场景。

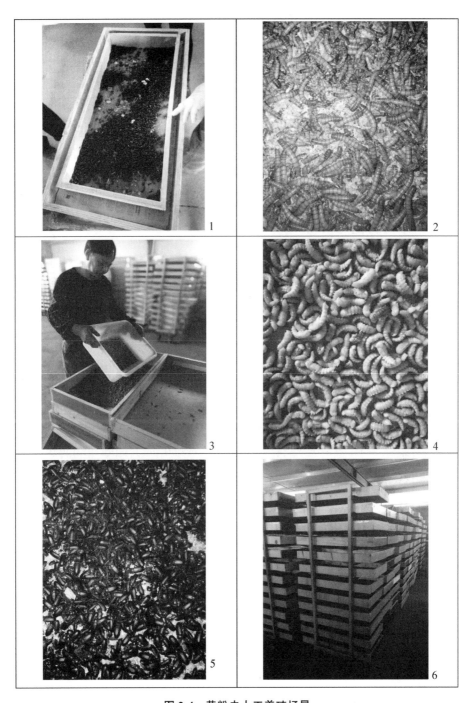

图 2-4　黄粉虫人工养殖场景

1. 产卵；2. 幼虫；3. 选蛹；4. 蛹；5. 成虫；6. 养殖全景

实习实训五　观赏昆虫蝴蝶人工养殖

蝴蝶属鳞翅目锤角亚目昆虫的统称,是人们喜闻乐见的观赏昆虫,其中很多种类色彩艳丽,极具观赏价值。目前,已有凤蝶科、蛱蝶科和斑蝶科等数十种能够规模化人工养殖。枯叶蛱蝶(*Kallima inachus* Dubleday)因其拟态,备受人们欢迎。本实习实训开展枯叶蛱蝶的人工养殖。

一、养殖设施与设备

(1)交配大棚:建高约 5 m,面积约 20 m² 网棚,网棚纱网孔为 60 目;交配大棚内种植马樱花作为枯叶蛱蝶的访花植物,种植爵床科的马蓝[*Strobilanthes Cusia*(Ness) W. Ktze]作为卵的收集植物。

(2)虫卵收集瓶:购买人用青霉属粉剂瓶或到社区医院收集,洗净晾干后待用。

(3)塑料盘 5 个,玻璃珠若干,用于补充营养容器。

(4)镊子 2 把,棉花(散)1 kg,用于制作收集瓶瓶塞。

(5)纯蜂蜜 1 kg,用作枯叶蛱蝶种虫营养补充剂。

(6)养殖室 1 间,约 10 m²,通风透光;平台 1 个。

(7)养虫笼 5 个,长×宽×高:50 cm×50 cm×50 cm,用木条和防虫纱网制作,木条为骨架,纱网为面。

(8)加湿器 1 台。

二、寄主植物

1. 寄主植物

爵床科马蓝属植物,种植马蓝属植物 20 m²,用于枯叶蛱蝶饲养。

2. 种虫

3~4月可在网上购买或到分布地野外采集。

三、养殖技术

1. 种虫养殖

将种虫放入交配室;在交配室适当位置放置 2 个塑料盘,盘中放入适量玻璃珠,以供枯叶蛱蝶取食时停息,盘内倒入 10%蜂蜜水,供枯叶蛱蝶取食。

2. 卵的收集与孵化

每天下午 14:00 前，将交配大棚内马蓝叶片上的卵用毛笔轻轻扫下，收集到卵放入收集瓶中，用棉花做成瓶塞塞着瓶口，注意不要过紧，棉花塞下部适当蘸少量水，以保持瓶内湿度；瓶上贴上卵收集时间；将卵收集瓶放于养虫室平台上，待卵自然孵化。

3. 幼虫养殖

采集马蓝带叶枝条 1~2 枝，下端用湿棉球包裹或直接插在装水的瓶子中，将孵化幼虫移到马蓝叶上，动作要轻，可使用毛笔作为移虫工具；枯叶蛱蝶低龄幼虫取食量小，每一枝上可多放幼虫，可几天换一次带叶马兰枝，以取食完和寄主叶片不干萎为宜；待 3 龄后，可直接放马蓝带叶枝条到养虫笼中供幼虫取食，幼虫逐渐长大，若笼内密度过大，可移出部分到另一笼中养殖。

4. 化蛹与成虫羽化

老熟幼虫会爬到养虫笼侧面和顶部化蛹，待蛹硬化后（2~3 天），可摘下，用卫生纸包裹，可远距离运输；将毛巾垂直悬挂，摘下的蛹重新挂于毛巾上，待蛹自然羽化，刚羽化的成虫切记不可打扰或掉落，否则成虫畸形；待羽化成虫翅硬化后，可选体大、活跃个体留种，其余活体成虫可翅合上用三角硫酸纸袋包裹远距离运输，供蝴蝶观赏园使用，或将成虫杀死用于制作标本或工艺品。

5. 越冬成虫保种

可将选作留种成虫放入交配室内，让其自然越冬；在成虫完全静止不动前，需要饲喂蜂蜜水以补充营养，可大幅度提高越冬成活率；翌年成虫越冬结束后，开始活动时，也须饲喂蜂蜜水以补充营养；越冬成虫交配、产卵与饲养与种虫同。

图 2-5 为枯叶蛱蝶人工养殖场景。

图 2-5　枯叶蛱蝶人工养殖场景（一）

1~2. 寄主马蓝；3. 收集的卵；4~6. 室内幼虫饲养

图 2-5　枯叶蛱蝶人工养殖场景(二)
7. 室外幼虫饲养；8. 采收的蛹；9. 准备羽化的蛹；
10. 枯叶蛱蝶成虫补充营养(取食蜂蜜)；11~12. 枯叶成虫

实习实训六　昆虫文化工艺品制作

昆虫文化工艺品种类繁多，包括昆虫实体标本和以昆虫为原型制作的各种工艺品与工艺作品，如以蝴蝶翅为材料制作的各种蝴蝶画，以各种观赏甲虫制成的琥珀昆虫，以各种昆虫为原型的各种服饰和装饰品，以及以昆虫为原型的各种动漫作品等。本实验实训开展蝴蝶画的制作。

一、用具与材料

1. 用具

扁头镊子2把(中号)，白乳胶1瓶，普通毛笔2支，小剪刀1把，白色或浅黄色卡纸1张，铅笔1只。

2. 材料

各种蝴蝶标本若干(可去野外采集，采集回来后须展翅干燥；也可从其他公司购买；注意不要采集或购买国家保护物种)。

二、制作方法

1. 图案设计

将卡纸用剪刀剪成需要的形状；根据蝶翅的色彩、光泽和花纹等特点，可自行设计创作图案或选用现成的图案，将图案描绘或临摹在卡纸上。蝶翅画的图案宜以人物、花鸟、盆景、山水为主，本实验实训要求仅做一些较简单图案设计。

2. 蝶翅加工与试排

根据图案的结构、形状等特点，将蝶翅剪成大小不同、形状各异的翅坯，用镊子将翅坯夹在图案上试排。在试排中，对不符合要求的翅坯进行再加工，直至合适为止。

3. 拼贴成形与装配镜框

拼贴是将翅坯按试排好的图案用白胶粘贴在卡纸上。拼贴是制作蝶翅画中最关键的一道工序，力求层次分明，繁而不乱，拼贴方法因图案的不同而略有区别。例如：拼贴鸟类，一般按尾部、身躯、头部的顺序粘贴；拼贴风景画，一般按由远及近，从里到外的顺序粘贴；而拼贴人物，则可从任何部位开始粘贴。图案拼贴好后，按照画面大小装入相应规格的玻璃镜框内。

图 2-6 为蝴蝶文化工艺品。

三、作业

制作简单蝴蝶翅画一幅。

图 2-6　蝴蝶文化工艺品

参考文献

陈晓鸣，周成理，史军义，等，2008. 中国观赏蝴蝶[M]. 北京：中国林业出版社.
陈晓鸣，冯颖，2009. 资源昆虫学概论[M]. 北京：科学出版社.
李孟楼，2005. 资源昆虫学[M]. 北京：中国林业出版社.
李文香，王士军，2013. 食用昆虫饲养技术一本通[M]. 北京：化学工业出版社.
刘玉升，2014. 蝗虫高效养殖与加工利用[M]. 北京：化学工业出版社.
雷朝亮，2015. 昆虫资源学理论与实践[M]. 北京：科学出版社.
欧晓红，杨比伦，1994. 资源昆虫应用技术实验指导[D]. 昆明：西南林学院.
魏永平，2003. 药用昆虫养殖与利用技术大全[M]. 北京：中国农业出版社.
原国辉，郑红军，2007. 黄粉虫、蝇蛆养殖技术[M]. 郑州：河南科学技术出版社.
易传辉，和秋菊，2010. 云南常见昆虫图记[M]. 昆明：云南科学技术出版社.
易传辉，和秋菊，2014. 云南蛾类生态图鉴（Ⅰ）[M]. 昆明：云南科学技术出版社.
易传辉，和秋菊，2015. 云南蛾类生态图鉴（Ⅱ）[M]. 昆明：云南科学技术出版社.
张雅林，2013. 资源昆虫学[M]. 北京：中国农业出版社.

附　图

附图1　资源昆虫各目代表种（一）

1. 鳞翅目：鹤顶粉蝶 *Hebomoia glaucippe*；2. 鞘翅目：锹甲；3. 蜚蠊目：蜚蠊；4. 螳螂目：中华大刀螳 *Tenodera aridifolia*；5. 蜻蜓目：黄蜻 *Pantala flavescens*；6. 同翅亚目：蝉

附图1 资源昆虫各目代表种(二)

7. 半翅目：比蝽 *Pycanum ochraceum*；8. 直翅目：青脊竹蝗 *Ceracris nigricornis*；
9. 广翅目：东方巨齿蛉 *Acanthacorydalis orientalis*；10. 等翅目：白蚁；
11. 膜翅目：金环胡蜂 *Vespa mandarina*；12. 双翅目：食蚜蝇

附 图

附图2　常见药用昆虫

1. 九香虫 *Aspongopus chinensis*；2. 小皱蝽（市场称小九香虫）*Cyclopelta parva*；
3. 大斑芫菁 *Mylabris phalerata*；4. 喙尾琵琶甲 *Blaps rynchopetera*；5. 虫草；
6. 美洲大蠊 *Periplaneta americana*

附图 3　常见食用昆虫与昆虫食品(胡蜂、蛹与蜂蛹食品)(一)

1. 金环胡蜂 *Vespa mandarinia*；2. 金环胡蜂蜂巢饼；3. 油炸胡蜂蛹；
4. 胡蜂蛹煮泥鳅(俗称海陆空)；5. 胡蜂蛹凉拌菜；6. 炒胡蜂蛹

附图3　常见食用昆虫与昆虫食品（二）

图7~9. 竹虫 *Omphisa fuscidentalis* 与油炸竹虫；10. 用于油炸的一种金龟幼虫；11~12. 蝗虫食品

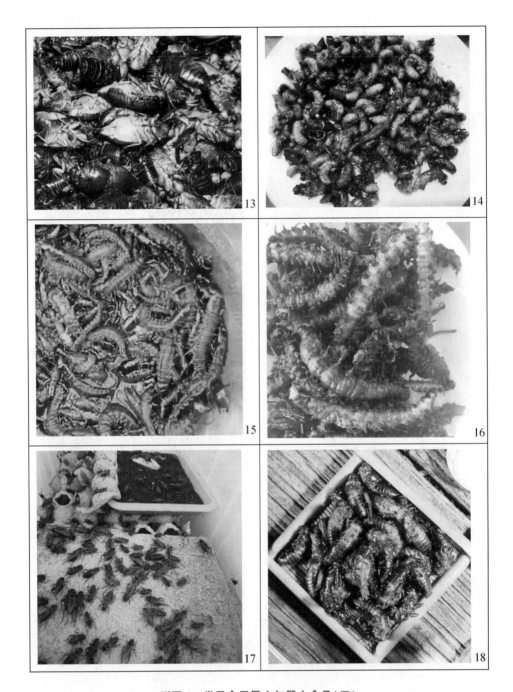

附图 3　常见食用昆虫与昆虫食品（三）

13~14. 蝉与油炸蝉；15~16. 爬沙虫（一种广翅目幼虫）与油炸爬沙虫；17~18. 蟋蟀与油炸蟋蟀

附图 3　常见食用昆虫与昆虫食品（四）

19~20. 白蚁与鸡枞；21. 核桃虫（一种鳞翅目幼虫）；22. 蜂儿（蜜蜂幼虫与蛹）；
23. 一种鳞翅目幼虫；24. 蜻蜓幼虫

附图 4　常见观赏娱乐昆虫（一）

1. 翠蓝眼蛱蝶 *Junonia orithya*；2. 美眼蛱蝶 *Junonia almana*；3. 紫斑环蝶 *Thaumantis diores*；
4. 枯叶蛱蝶 *Kallima inachus*；5. 青凤蝶 *Graphium sarpedon*；6. 银豹蛱蝶 *Childrena childreni*

附图 4　常见观赏娱乐昆虫（二）

7. 鬼脸天蛾 *Acherontia lachesis*；8. 绿尾大蚕蛾 *Actias ningpoana*；9. 红尾大蚕蛾 *Actias rhodopneuma*；
10. 黄肩旭锦斑蛾 *Campylotes histrionicus*；11. 黄星蝗 *Aularches mliaris*；12. 拟叶螽

附图 4 常见观赏娱乐昆虫(三)

13. 宽盾蝽 *Poecilocoris* sp.；14. 油茶宽盾蝽 *Poecilocoris latus*；15. 尼泊尔宽盾蝽 *Poecilocoris nepalensis*；16. 桑宽盾蝽 *Poecilocoris druraei*；17. 黑斑紫宽盾蝽 *Poecilocoris* sp.；18. 金绿宽盾蝽 *Poecilocoris lewisi*

附图4 常见观赏娱乐昆虫(四)

19. 格彩臂金龟 *Cheirotonus gestroi*；20. 双滴斑芫菁 *Mylabris bistillata*；21. 牙甲 *Kibakoganea* sp.；
22. 粗尤犀金龟金边亚种 *Eupatorus hardwickei cantori*；23. 缝斑新锹甲 *Neolucanus parryi*；
24. 双带长毛天牛 *Arctolamia fasciata*）

附图 4　常见观赏娱乐昆虫（五）

25. 兰花螳螂 *Hymenopus coronatus*；26. 屏顶螳 *Kishinouyeum* sp.；27. 眼斑螳螂 *Creobroter* sp.；
28. 蝎蛉 *Parnorpa* sp.；29. 带网蝉 *Proretinata* sp.；30. 人面蝽（关公虫）*Catacanthus nigripens*

附图 5　常见天敌昆虫

1. 黄壮猎蝽 *Biasticus flavus*；2. 素猎蝽 *Epidaus famulus*；3. 六斑月瓢虫 *Menochilus sexmaculata*；
4. 异色瓢虫 *Harmonia axyridis*；5. 捕虫虻；6. 萨氏虎甲 *Calochroa salvazai*

附录　紫胶虫优良及常用寄主植物名录

紫胶虫是一类广食性昆虫,它的寄主植物据报道有 359 种(李义龙等,1989)。其中我国常用寄主植物 44 种,优良寄主 13 种。

一、我国紫胶虫的优良寄主

1. 钝叶黄檀 *Dalbergia obtusifolia* (Baker) Prain
2. 南岭黄檀 *Dalbergia balansae* Prain
3. 秧青 *Dalbergia assamica* Benth.
4. 火绳树 *Eriolaena spectabilis* (DC.) Planchon ex Mast.
5. 大叶千斤拔 *Flemingia macrophylla* (Willd.) Prain
6. 木豆 *Cajanus cajan* (Linn.) Millsp.
7. 须弥葛 *Pueraria wallichii* DC.
8. 聚果榕 *Ficus racemosa* Linn.
9. 光腺合欢 *Albizia calcarea* Y. H. Huang
10. 灰金合欢 *Acacia glauca* (Linn.) Moench
11. 白花合欢 *Albizia crassiramea* Lace
12. 桂火绳 *Eriolaena kwangsiensis* Hand.-Mazz.
13. 水同木 *Ficus fistulosa* Reinw. ex Bl.

二、其他常用寄主植物

1. 滇黔黄檀 *Dalbergia yunnanensis* Franch.
2. 黑黄檀 *Dalbergia fusca* Pierre
3. 海南黄檀 *Dalbergia hainanensis* Merr. et Chun
4. 黄檀 *Dalbergia hupeana* Hance
5. 滇南黄檀 *Dalbergia kingiana* Prain
6. 蒙自黄檀 *Dalbergia henryana* Prain
7. 多裂黄檀 *Dalbergia rimosa* Roxb.
8. 印度黄檀 *Dalbergia sissoo* Roxb. [Hort. Beng. 53. 1814, nom. Nud.] ex

DC.

9. 托叶黄檀 *Dalbergia stipulacea* Roxb.

10. 降香 *Dalbergia odorifera* T. Chen

11. 多体蕊黄檀 *Dalbergia polyadelpha* Prain

12. 金合欢 *Acacia farnesiana*（Linn.）Willd.

13. 大叶相思 *Acacia auriculiformis* A. Cunn. ex Benth.

14. 蒙自合欢 *Albizia bracteata* Dunn

15. 楹树 *Albizia chinensis*（Osbeck）Merr.

16. 合欢 *Albizia julibrissin* Durazz.

17. 光叶合欢 *Albizia lucidior*（Steud.）Nielsen

18. 毛叶合欢 *Albizia mollis*（Wall.）Boiv.

19. 香合欢 *Albizia odoratissima*（Linn. f.）Benth.

20. 黄豆树 *Albizia procera*（Roxb.）Benth.

21. 猴耳环 *Pithecellobium clypearia*（Jack）Benth.

22. 牛蹄豆 *Pithecellobium dulce*（Roxb.）Benth.

23. 象耳豆 *Enterolobium cyclocarpum*（Jacq.）Grieseb.

24. 腊肠树 *Cassia fistula* Linn.

25. 仪花 *Lysidice rhodostegia* Hance

26. 中国无忧花 *Saraca dives* Pierre

27. 任豆 *Zenia insignis* Chun

28. 高山榕 *Ficus altissima* Bl.

29. 大果榕 *Ficus auriculata* Lour.

30. 垂叶榕 *Ficus benjamina* Linn.

31. 青果榕 *Ficus variegata* Bl. var. *chlorocarpa*（Benth.）King

32. 鸡嗉子榕 *Ficus semicordata* Buch. -Ham. ex J. E. Smith

33. 绿黄葛树 *Ficus virens* Aiton

34. 菩提树 *Ficus religiosa* Linn.

35. 南火绳 *Eriolaena candollei* Wall.

36. 光叶火绳 *Eriolaena glabrescens* Aug. DC.

37. 五室火绳 *Eriolaena quinquelocularis*（Wight et Arnott）Wight

38. 一担柴（柯柳木）*Colona floribunda*（Wall.）Craib

39. 光叶巴豆 *Croton laevigatus* Vahl

40. 曼哥龙巴豆 *Croton mangelong* Y. T. Chang

41. 粗糠柴 *Mallotus philippensis*（Lam.）Muell. Arg.

42. 悬铃花 *Malvaviscus arboreus* Cav. var. *drummondii* Schery

43. 毛叶黄杞 *Engelhardia spicata* var. *colebrookeana*（Lindley）Koorders & Valeton

44. 枫杨 *Pterocarya stenoptera* C. DC.